MÉMOIRE

SUR

UN FRAGMENT

DE BASALTE VOLCANIQUE.

MÉMOIRE

SUR

UN FRAGMENT DE BASALTE VOLCANIQUE

TIRÉ

DE BORGHETTO, TERRITOIRE DE ROME;

PAR U. P. SALMON,

Docteur en médecine, et Médecin ordinaire de l'armée d'Italie.

Scire igitur licet innumeras vastasque cavernas
Sub terris esse, atque illic quandoque creari
Ingentes ventos....................
Gignuntur verò hi venti telluris in alvo
Ex fumis quos vicina trahit ignis ab unda.

LUCR. *de rerum Nat.*

AN VII.

MÉMOIRE

SUR

UN FRAGMENT

DE BASALTE VOLCANIQUE

Tiré de Borghetto, territoire de Rome.

QUOIQUE la formation du basalte soit une question fort débattue, sa théorie est encore peu avancée. Lorsque l'on compare les simples difficultés qui naissent du sujet, avec l'étonnante diversité d'opinions qu'on remarque parmi les naturalistes, on est volontiers porté à soupçonner que des vues circonscrites et locales ont présidé à leurs jugemens; qu'un grand nombre de circonstances prises des lieux divers, des gisemens variés, des figures différentes, de la cristallisation des corps réguliers, associés et étrangers, ont pu être tues ou oubliées; en sorte que, placé dans des aspects uniformes, chacun paroît avoir été frappé d'idées dissemblables. On a bien décrit ce qu'on a examiné : mais trop souvent l'on a tenté, par toute espèce de violences, de ramener les observations des autres aux siennes propres; et l'on n'a tenu compte que de ce qui avoit été découvert sur un même sol et par des hommes de même sentiment. Cette manière de procéder, peu judicieuse, est peut-être la première cause du retard de nos connoissances sur l'origine du basalte. Je pense qu'il n'est qu'un moyen de répandre la lumière dans ce genre de recherches; c'est de revenir sur ses pas, de rassembler les descriptions les plus exactes de tous les pays, d'accumuler les faits qui sont la vraie richesse de la science, d'en déduire avec un sage scepticisme les probabilités résultantes, jusqu'à ce que d'heureuses occurrences et le travail non interrompu des géologues aient conduit cette théorie au point de perfection nécessaire pour la constituer doctrine solide et fondée.

C'est dans cet esprit que je me propose de traiter ici de quelques fragmens de basalte volcanique, qui m'ont paru mériter l'attention des minéralogistes, puisqu'ils tendent à établir un fait. Je ne parlerai point de la colline dont ils sont tirés, ni du territoire adjacent; ce qui exigeroit un travail trop étendu : j'espère que mon savant ami Breislak remplira un jour cet objet, lorsqu'il s'occupera de décrire la campagne de Rome selon le plan qu'il a déjà exécuté avec tant de succès pour les environs de Naples. Les cultivateurs de la science desirent depuis long-temps qu'on multiplie ces lithologies particulières; ce n'est en effet que des topographies minéralogiques les plus soignées, que peuvent sortir les élémens d'une bonne histoire des révolutions du globe.

La masse de basalte qui m'a fourni le

fragment dont je vais exposer les propriétés, a son gisement presque entier sur une épaisse déposition de pierres roulées, ordonnées en couche. Cette pièce, détachée de la roche, présente les caractères qui suivent :

Le basalte de Borghetto est de couleur gris - noir, finement marqueté de petits points qui passent au blanc - mat; il est opaque et tranchant sur ses bords, d'une cassure à grain délié, à fragmens indéterminés, d'un tissu parsemé de vides ordinairement étroits et alongés, rarement circulaires ; son toucher est rude, assez froid ; sa pesanteur spécifique s'exprime par 2.4333. Quoique dur, il donne difficilement des étincelles avec l'acier : il happe légèrement aux lèvres, et exhale sous le souffle l'odeur d'alumine à un décimètre de distance. Son action sur le barreau aimanté est très-sensible ; il est foible conducteur de l'électricité, et se fond aisément sans addition.

La circonstance de sa formation, qui, de prime abord , attire les regards et fixe l'intérêt, est celle qui a réuni dans un petit espace un aussi grand nombre de beaux cristaux de leucites, gros, réguliers et parfaitement conservés. Je négligerai ici toute autre propriété, pour soumettre à l'examen les singuliers accidens de ces corps engagés dans la substance basaltique.

Les leucites qu'offre le basalte de Borghetto sont communément très-régulières: leur cristallisation en doubles pyramides octogones terminées par un pointement à quatre faces, se découvre par-tout; les anomalies y sont rares. Ce n'est pas sans surprise qu'en considérant leur forme avec attention, on s'aperçoit que la lave basaltique s'introduit dans les cristaux et envahit une partie de leur intérieur. Tantôt le polygone est coupé net avec le basalte qui l'investit; tantôt un filet continu de la pâte s'y engage et le perce fort avant. Toujours le dedans des leucites contient des portions de basalte renfermées profondément, et quelquefois tout-à-fait privées de communication avec le ciment : ces parties incluses et comme prisonnières montrent évidemment l'impression de l'effort des molécules de leucites tendant à leur réunion cristalline lors de la fluidité. Le basalte détaché de sa masse, pressé sur tous ses points, et entraîné, à la faveur de son état de liquidité, dans la tendance générale, a reçu un nombre de côtés correspondans à ceux du cristal. Il est véritablement curieux d'observer comme ces corps inscrits et inerts ont été modelés sur le type générateur. On y rencontre côté pour côté, angle pour angle, avec une constance qui m'a frappé. Les exceptions qui peuvent s'y voir, ne se relèvent guère que sur les cristaux confus et sur les parcelles trop déliées : dans ce dernier cas, les grains renfermés ont éludé l'action commune, et, abandonnés au mouvement de leur agrégation particulière, ils ont revêtu la forme globuleuse.

On observe aussi dans l'intérieur des leucites quelques pièces de horn-blende et d'augite; mais elles y ont été portées indubitablement enveloppées dans la substance basaltique (1).

La considération de ces phénomènes conduit irrésistiblement à penser que les leucites comprises dans le basalte volcanique ont partagé l'état de fluidité de la pâte à l'époque de sa formation ; que là elles ont cristallisé selon les lois qui leur sont propres. Elles nous montrent les plus sûrs indices de ce mode de leur structure, lorsque nous réfléchissons que les molécules similaires n'ont pas toujours joui des dispositions les plus favorables pour leur réunion ; que, dans leurs mouvemens tumultueux, elles ont dû embrasser et presser entre leurs lames les parties du ciment

(1) Dans certaines leucites du Vésuve, on discerne très-souvent l'augite et la horn-blende engagées au milieu des cristaux sans apparence de ciment basaltique.

fluide qui leur servoit de torrent, et ont ainsi enveloppé dans leur sein le témoignage authentique de leur date et de leur origine. Au reste, les leucites ne sont point les seuls corps qui cristallisent au milieu de ce qu'on reconnoît pour des laves : qu'on examine les carbonates et sulfates de chaux de figure spathique, quelques zéolites, les prismes ténus de quelques schorls, et tant d'autres délicates cristallisations dans la lave compacte; et l'on verra que ces substances présentent exactement la même forme qu'elles ont coutume de prendre après leur extrême division ou leur dissolution aqueuse, lorsque d'ailleurs tout empêche de leur attribuer une génération antérieure à celle du ciment qui les insère. Je regarde donc comme un fait la simultanéité de la cristallisation des leucites avec le passage de la lave basaltique vers la solidité : leur existence coétanée dans le basalte de Borghetto me semble démontrée par tous les rapports combinés des dispositions de la pâte et de la nature des cristaux (1).

Une réflexion bien digne de l'occuper se présente à l'esprit du minéralogiste-géologue. La coétanéité de la lave coulante et de la formation des cristaux qu'elle recèle étant prouvée en tant d'exemples, quel est l'agent qui a présidé à cette

(1) Quoiqu'on ne puisse douter que les corps réguliers dont il est question naissent souvent dans la lave, on est généralement très-embarrassé pour déterminer l'origine des cristaux que présente le basalte volcanique. Il est évident, dans une infinité de cas, que le feld-spath, l'augite, la horn-blende, les zéolites, le mica, ne sont que des corps enveloppés accidentellement; dans d'autres, tout doit faire soupçonner qu'il y a eu réunion cristalline, arrangement régulier au sein de la lave même. Les leucites ne sont point entièrement exemptes de ces irrégularités. Quelques-unes de celles que l'on trouve à Pompéia, m'ont fourni le premier trait de lumière qui m'ait appris à distinguer plusieurs époques dans la formation des cristaux volcaniques. En effet, ces leucites se rencontrent avec une matière légère, spongieuse, jaune-rouge, engagées seulement dans les parois de leurs foibles cellules; et il est indubitable que là elles ne sont point formées. Cependant, si l'on rompt leurs cristaux les plus

formation, qui l'a favorisée et qui l'a conduite ? Est-ce donc le feu ? L'aspect, le tissu, les cristaux insérés, portent-ils l'impression d'une fusion ignée ? Il est difficile de le penser. Le feu commun qui agit seul sur des substances de la nature de celles qui constituent le basalte, les altère, détruit leur agrégation, confond leurs principes, leurs figures, et, après une certaine

---

solides et les mieux conservés, on observe dans leur sein de petites pièces du ciment jaune qui les porte. On peut donc admettre comme infiniment probable que ces leucites se sont cristallisées dans la même substance jaune-rouge, antérieurement à l'époque où cette pâte, lancée hors du cratère par les explosions souterraines, a pris la texture spongieuse. On sait que les volcans, avant de déborder ou d'exécuter un déchirement latéral, se chargent progressivement de matières, en sorte que leur fond s'élève incessamment jusqu'au moment où l'on voit jaillir le fleuve de laves. Mais cette dernière période n'arrive point que le volcan n'ait manifesté une quantité d'autres petits incendies qui le précèdent : on entend bouillonner la lave dans le cratère, on aperçoit les vapeurs et les flammes qui s'en exhalent; après quelques heures, tout s'éteint et se recompose dans le silence. Or, ces mouvemens intestins, bien qu'ils aient été peu remarquables extérieurement, n'en ont

intensité d'action, les coule en fritte ou en masses vitreuses. Quelque mélange de terres que l'on suppose, quel que soit le degré de feu que l'on imagine, quel que soit le temps que l'on emploie, il est très-certain que l'on n'obtiendra point, par le seul fluide igné, ni basalte, ni rien qui lui ressemble; bien moins encore des corps cristallisés régulièrement. Mais ce qu'on

---

pas moins eu lieu. La lave est devenue fluide : au fond de son gouffre, recouverte par les couches épaisses de la superficie, protégée par les parois du cône, elle a dû jouir de quelque liberté pour effectuer des cristallisations ; la perte de l'eau et du calorique a été moins rapide; la liquéfaction s'est soutenue plus long-temps; et toutes les circonstances propres à une formation régulière ont été infiniment plus favorables que lorsque la lave, s'élançant des abîmes qui la recèlent, reçoit le contact de l'air et chemine sur un sol froid et inégal. C'est ainsi qu'on peut expliquer avec une singulière facilité beaucoup de problèmes jusqu'ici très-obscurs, par la seule considération de la différence des époques. Au surplus, je ne fais aujourd'hui qu'indiquer cette idée ; j'ai commencé une suite de recherches sur la nature et la cristallisation des corps associés à la lave, qui ne sera peut-être pas sans intérêt, si les événemens militaires me permettent de la continuer.

nomme lave compacte au Vésuve ou ailleurs, a décidément la texture et les principaux caractères du vrai basalte ; de plus, cette lave est sortie indubitablement des volcans : et qu'est-ce que l'on conçoit dans leurs cratères, sinon la violence des feux souterrains qui se dégagent impétueusement de leurs gouffres, ébranlent, entraînent, lancent tout ce qui s'oppose à leur effort, et sembleroient devoir dénaturer tout ce qui leur reste long-temps assujetti? Ces derniers effets n'ayant point lieu pour la lave dont nous parlons, il paroîtroit que les feux souterrains n'agissent point à la manière du feu commun. Ici, la grande difficulté. En effet, quel est donc ce feu qui ne brûle point, qui protége la formation des corps réguliers au lieu de les diviser et de les détruire? ou existeroit-il un agent oublié, qui s'associât avec lui, empêchât le développement d'une partie de ses propriétés et mît les siennes à leur place? Dans ce cas, quel est cet autre agent méconnu qui combine son action à celle du calorique !

Les minéralogistes qui ont fait une étude particulière des volcans, ont cherché à donner des explications et à éclaircir ces doutes. Les uns ont adopté le système d'une fusion purement ignée ; et ils ont reconnu que tout le règne inorganique travaillé par le feu en est devenu le produit : ainsi le basalte du Nord et celui d'Italie, les roches primitives même, ont été formés par le fluide igné. D'autres ont admis d'autres modifications ; et les meilleurs observateurs ont remarqué avec une telle évidence la trace d'un agent différent du calorique, qu'ils ont posé en question si le basalte volcanique n'auroit pas été remanié par les eaux. Mais cette dernière théorie ne soutient point l'épreuve d'un sévère examen.

Les naturalistes Suédois, les Allemands, et spécialement l'école de Werner, d'après la constitution de leurs montagnes, les propriétés et le gisement de leur basalte, ont rejeté la formation par la fusion ignée, et ont avancé avec toute la solidité du raisonnement et les preuves les plus décisives de l'observation, que cette substance est incontestablement une production déposée par l'eau. On a été plus loin : on a nié que tout ce qui avoit la texture et la composition du basalte, pût jamais être l'ouvrage du feu; et l'on a été conduit de la sorte à regarder comme inadmissibles les hypothèses sur les volcans éteints qu'on prenoit ailleurs pour une découverte. Suivant ces idées, toutes les roches porphyritiques et basaltiques restoient comprises dans le domaine des eaux.

Balancé au milieu des vues diverses d'hommes d'un si grand nom, le naturaliste qui médite, ne pouvant se déterminer par les autorités qui se détruisent, en appelle au jugement de ses yeux : il va étudier les substances sur leurs masses; il reconnoît leur assiette, les couches adjacentes, leur inclinaison, leur direction, la figure des terrains; il note tous les accidens du sol et tous les changemens qu'il a dû subir. Les premières réflexions qui se présentent à lui lorsqu'il fixe attentivement le basalte volcanique, n'ont, il faut l'avouer, que peu de rapports avec l'idée du feu. Je suis même persuadé que rarement on eût soupçonné que cette substance a été formée dans le sein des volcans, si on ne l'avoit vue sortir de leur cratère. Son aspect n'est guère propre à indiquer l'impression ignée; et les fines cristallisations, produites simultanément avec le ciment qui passe au solide, paroissent encore en éloigner davantage. Cependant on a observé la lave couler en torrens, accompagnée de flammes et d'explosions; on a vu la surface des courans hérissée de scories et de matières spongieuses; on a rencontré fréquemment des substances vitrifiées; et le feu se montre avec un appareil trop formidable, pour douter de sa présence et méconnoître ses vestiges..

Le calorique agit donc évidemment dans la production des laves basaltiques : mais agit-il seul, et son influence ne se combineroit-elle point à celle d'un autre corps dont nous discernons si visiblement les traces?

Ce sera sans doute une pure conjecture; mais nous devons ici, après avoir relevé les grandes incertitudes sur l'origine du basalte, manifester nos idées telles qu'elles se sont offertes à la méditation et à la suite des phénomènes qui nous ont frappés. Nous pensons donc que l'impossibilité d'attribuer à la fusion ignée la formation des laves compactes étant reconnue, il est indispensable de procéder à la recherche d'un autre ordre de causes qui embrassent l'ensemble des circonstances et en donnent l'explication. Or l'eau montre clairement sur les minéraux volcaniques l'empreinte de sa présence; tous les caractères de dissolution aqueuse et de cristallisation sautent aux yeux; l'histoire physique des éruptions semble l'admettre comme un des agens principaux. Ne seroit-il donc pas conséquent, en attendant que de nouveaux faits et de nouvelles expériences prononcent une décision plus positive, de concevoir que l'action réunie de ces deux êtres puissans déploie toute la force des explosions, des secousses, des jets de masses énormes et des torrens enflammés ! Disons un mot de ce qui peut servir à fonder cette théorie par la liquéfaction aquoso-ignée.

Sans croire pleinement au témoignage des auteurs qui ont écrit sur le Vésuve, sans regarder comme authentiques et suffisamment constatés les torrens d'eau vomis par le volcan, sans chercher la cause de ces nuées de sable qui s'élancent de son cratère, je ne veux faire usage que de ce qui est accordé sans réplique par les fauteurs les plus obstinés de la fusion ignée. Nous parlons ici plus volontiers du Vésuve que des autres volcans, parce qu'il se trouve sous l'œil d'une population nombreuse et éclairée, et qu'il a été le mieux examiné. C'est un phénomène constant et des plus remarquables dans les paroxysmes Vésuviens, que, lors de l'éruption, il se vaporise une telle quantité d'eau, qu'ayant à peine atteint une foible ascension, elle se condense en nuages profonds et donne bientôt lieu à un déluge de pluie. On ne peut révoquer en doute que ces vapeurs sortent du volcan, et que les eaux qui y sont rassemblées, se combinant au calorique, alimentent le dégagement de fluides aériformes. Mais ces eaux, poussées en tourbillons par l'incendie, existoient auparavant au fond du volcan, dans un état plus paisible; elles avoient déjà pénétré les corps avec lesquels elles ont de l'affinité, exercé leur pouvoir dissolvant, favorisé de nouvelles combinaisons, et peut-être préparé la pâte destinée un jour à jaillir du cratère et à inonder les campagnes. Qu'on se figure maintenant l'instant où la montagne s'enflamme : toutes les matières qu'elle recèle sont vivement agitées par les mouvemens intestins ; rendues plus actives par la chaleur, elles se mêlent et se pénètrent davantage. Des chocs, des collisions, des forces désagrégatives, il doit résulter à la fin une substance molle liée au moyen du fluide aqueux. Lorsque le progrès de sa masse excite une violente pression latérale, ou que les soulèvemens causés par les éruptions de gaz et de vapeurs sont assez véhémens, la lave franchit les bords tronqués du cône, ou s'ouvre un chemin dans son flanc. Le courant de lave n'enflamme souvent point sur son passage les corps combustibles qu'il rencontre, quoiqu'il les noircisse et les échauffe plus ou moins. Il se couvre de grosses vapeurs aqueuses, qui diminuent à mesure qu'il perd de sa vélocité; sa surface seule porte des scories, des frittes et des pièces poreuses : la lave, à une certaine profondeur, est très-pleine, très-unie; c'est le basalte des volcans. Or il est manifeste que, si la fusion étoit purement ignée, la pâte vitrescente enflammeroit le bois et les autres corps de même nature; il ne l'est pas moins que cette eau, si abondante, ne se feroit point remarquer dans la lave coulante; et chacun voit que les larges pores ne paroissent à la surface que par le dégagement des bulles gazeuses et la trop rapide vaporisation de l'eau qui s'échappe à la faveur du contact de l'air atmosphérique.—C'en est assez, j'imagine, pour faire entendre cette explication, que je n'étendrai pas plus loin : on pourra se convaincre que l'application de la théorie aquoso-ignée répond à tout avec une simplicité surprenante.

Au reste, l'influence de l'eau dans les phénomènes volcaniques ne demeure point une vaine probabilité, mais devient un fait inattaquable en certaines régions. Parmi les auteurs qui ont parlé des éruptions boueuses, on doit distinguer Spallanzani. Cet illustre professeur a décrit une semblable éruption dont il fut témoin dans le

Modénois. Si le volcan de Querzola vient à s'embraser quelque jour, il perdra sans doute l'excès d'eau qu'il renferme; et l'action du feu se combinant au fluide aqueux, il est très-vraisemblable qu'il aura aussi ses laves compactes, ses cristaux, ses frittes et ses scories. Une chose assez frappante, c'est que la base du ciment volcanique est toujours l'alumine, c'est-à-dire, la sorte de terre qui est la plus avide d'eau et ne s'en sépare que fort difficilement. De plus, je pense que le physicien attentif est averti de la présence et de l'action de l'eau, même au milieu des monts qui brûlent aujourd'hui d'une façon si visible, que je ne conçois guère comment on pourroit la nier. Que l'on consulte les historiens des volcans : toutes ces fumeroles ne sont autre chose que des gaz dissous dans d'épaisses vapeurs qui baignent soudainement les corps qu'on y plonge. J'ai vu sans étonnement, lorsque je suis descendu dans le cratère du Vésuve, que ce que l'on nomme vulgairement la fumée, mouille profondément les habits, se respire sans danger, et ne donne pour principale impression que celle de l'eau réduite en vapeurs. Il est encore aisé d'observer que non-seulement la bouche des fumeroles est toujours baignée, mais même le lieu où le vent dirige les vapeurs se couvre d'humidité comme nos champs après une forte rosée.

Si, à la suite de ces considérations, on range les inductions qu'on a droit de tirer de la figure régulière et des accidens remarqués dans les leucites que nous avons décrites; si nous réfléchissons aux cristaux renfermés dans la lave compacte, qui tiennent une quantité d'eau extrêmement notable, tels que ceux de carbonate et de sulfate calcaires; si nous faisons attention aux géodes volcaniques, aux enhydres qu'on rencontre en certains lieux, et à beaucoup d'autres semblables phénomènes, nous ne pourrons nous empêcher de nous rendre à l'ascendant de ces preuves, et de soupçonner fortement que le fluide aqueux joue un rôle très - important et de premier ordre dans les mouvemens volcaniques. D'un autre côté, les hommes célèbres qui ont prononcé d'un commun accord, en Suède et en Allemagne, que le basalte de ces régions a été formé et déposé par l'eau, méritent assurément qu'on calcule le prix de leur témoignage. Toutes les subtilités, toutes les distinctions qu'on pourroit apporter, n'établissent point à mes yeux une différence réelle et générique entre la pâte proprement dite du basalte du Nord et celle du basalte qu'on reconnoît pour volcanique. On leur donnera, si l'on veut, des noms différens; on appellera l'un *trapp* et l'autre *basalte* : l'objet n'en demeurera pas moins d'un caractère identique ; les variations, les nuances qu'on relevera, ne serviront qu'à constituer des sortes diverses. Ce nouveau point de vue, présenté aux naturalistes, deviendra peut-être avantageux à la minéralogie et à la physique des volcans ; je le regarde au moins comme très-propre à diriger les observations qui nous manquent, et à terminer enfin une longue querelle entre des savans d'un nom également distingué. Placés loin de l'intérêt et de la passion de tout système, les judicieux cultivateurs de la science de la nature, combinant les forces des deux agens que nous indiquons, nous apprendront bientôt pourquoi le feu des volcans, qui auroit certainement toutes les propriétés du feu commun si elles n'étoient enchaînées, est inhabile à incendier et ne montre souvent qu'une foible intensité d'action ; pourquoi des auteurs pleins de sagacité ont été portés à admettre que le basalte, originairement formé par les feux souterrains, a dû être retouché par les eaux ; pourquoi la lave basaltique a des rapports de ressemblance si visibles avec le basalte du Nord, qui est manifestement sorti des eaux ; pourquoi, pendant les éruptions des tonnerres Vésuviens, il s'élève une si prodigieuse quantité de vapeurs aqueuses : ils nous donneront, en un mot, la solution de vingt problèmes estimés jusqu'ici presque inabordables.

Quoi qu'il en soit de ces conjectures, quels que soient les moyens de les appuyer, quelque valeur que j'aie attribuée aux probabilités qui entraînent mon opinion, l'objet de ce Mémoire est rempli, si l'inspection, l'analyse extérieure, démontrent comme un fait la coexistence de la fluidité du ciment avec celle des leucites dans le basalte de Borghetto (1). Je me trompe fort, ou le phénomène est hors de toute incertitude. Les parcelles du ciment, enfermées au milieu du cristal, attestent irréfragablement que ces corps furent fondus en une pâte uniforme et partagèrent

---

(1) J'ai observé, avec M. le comte Léopold de Buch, jeune savant de Berlin, auteur d'un beau travail inédit sur la constitution physique de Rome, et qui jouit déjà d'un nom distingué dans la minéralogie, que les grains spéculaires qui confèrent à plusieurs laves une sorte de brillant,

les mêmes accidens : de l'état liquide et coulant, la lave passa à la solidité par la perte du calorique et l'évolation de l'eau : les molécules similaires furent soustraites à leur écartement; elles gravitèrent selon les lois qui les régissent, cédèrent à la force des affinités, se balancèrent avec plus ou moins de liberté, et formèrent ainsi toutes les nuances de régularité que nous apercevons dans les cristaux. Mais la rapidité du dégagement du calorique, et la promptitude de son évasion, durent causer du trouble dans l'effort des parties similaires tendant à l'arrangement symétrique. Les lames des leucites, réunies tumultueusement, embrassèrent dans leur sein des

---

sont autant de petites leucites disséminées et très-régulières. Il est visible qu'elles ont été fondues dans le ciment fluide, et n'ont pu, à cause du brusque passage à la solidité, se réunir entre elles d'une manière convenable, et montrer conséquemment des cristaux de dimensions ordinaires. On en découvre néanmoins de diverses grandeurs, depuis celles dont la forme ne s'aperçoit qu'à la loupe, jusqu'à celles qui sont pleinement sensibles à l'œil nu.

portions de pâte inerte, qui cédèrent volontiers à leur action. Isolées et soumises au mouvement des molécules qui cherchoient la disposition régulière, elles portèrent l'impression de cette même ordonnance, et constituèrent des polygones inscrits de figure correspondante au type générateur.

Les conséquences que j'ai inférées de la structure des leucites de Borghetto, pour établir une théorie des laves compactes par la liquéfaction aquoso-ignée, me paroissent se présenter si naturellement, qu'on ne peut s'empêcher de leur accorder tout au moins un air de vérité qui séduit. Les rapprochemens que nous avons produits, les phénomènes que nous avons interrogés, semblent parler hautement en faveur de cette doctrine. Il seroit aisé d'en placer ici une foule de pareils, tels que l'histoire du basalte colonnaire (1), la cause de son retrait et

---

(1) Avant d'avoir vu des volcans actuellement allumés, je n'ai pu imaginer que le basalte colonnaire et les roches

de ses coupures en fragmens prismatiques, la formation des porphyres, celle des gaz, des substances salines cristallisées, et beaucoup d'autres qu'il est inutile d'énumérer. Je me borne à rendre compte aux naturalistes des idées qu'éveilla en moi l'examen du basalte de Borghetto; et je soumets mes conjectures à leur jugement.

---

porphyritiques fussent l'ouvrage du feu. C'est ce qui me donna des doutes sur l'origine volcanique des monts Euganés, dans ma topographie historique-médicale de Padoue, publiée l'an dernier. La querelle infiniment obligeante que j'eus, à cette occasion, avec le savant Fortis, est de nature désormais à se terminer facilement. Ce Mémoire nous offre tout plein de données conciliatoires.

FIN.

www.ingramcontent.com/pod-product-compliance
Ingram Content Group UK Ltd.
Pitfield, Milton Keynes, MK11 3LW, UK
UKHW020523180726
13839UKWH00005B/2262

9 782329 328379